はじめに

　みなさんの将来の夢はなんですか？ スポーツ選手かな？ それとも飛行機のパイロットや電車の運転手かな？ レストランのシェフなんて人、みんなの好きなゲームを作る人やユーチューバーという人もいるかもしれませんね。じつは、今あげたどの職業にも使われているものがあるんです。意外に思われるかもしれませんが、それは「プログラム」です。

　ゲームやユーチューブはパソコンを使うから、「プログラム」が使われているけど、そのほかの職業でプログラムは関係あるの？ と思う人がいるかもしれません。でもじつは、プログラムとは目標にたどりつくための順序ややり方のことなんです。ですから、スポーツ選手のトレーニングにも、また飛行機や電車の運転にも、料理の手順にだってプログラムは使われているんです。

　プログラムっていうとなんだか難しそう、頭がよくないとできなそう、と思う人も、この本を読むとプログラムがどんなものなのか、どのようにすればプログラミングができるのか、ちょっとわかってくるんじゃないかと思います。さあ、みなさんもプログラミングのひみつを知って、プログラミングの世界に飛びこんでみましょう。きっと新しい発見ができますよ。

曽木　誠

登場人物

イッちゃん
とりあえず何でも1番を目指す前向きな男の子。
結果はなかなかともわないけれど、努力はおしまない。
妄想することもお得意。

マリちゃん
イッちゃんと同じクラスで、みんなのアイドル的な存在。
上から目線で、人使いが荒かったりする一面もあるけれど……、
たまに、やさしい。

高速チップちゃん
3人にパソコンやプログラミングの
説明をしてくれるしっかり者のナビゲーター。

フータロー
イッちゃんのペットであり、親友。
じつはイッちゃんより、
何でもこなせる器用な猫。

クラウドアニキ
3人にパソコンやプログラミングの説明を
フォローしてくれる、兄貴的存在のナビゲーター。

プログラミング について調べよう

曽木 誠 _監修　川崎純子 _文　沼田光太郎 _絵

岩崎書店

もくじ

[まんが] 王女マリーをすくえ!! …… 3

第1章 コンピューターとアプリ

> コンピューターとプログラムの世界へようこそ！ …… 8
> タブレットでゲームができるのは、なぜ？ …… 10
> コンピューターのハードやソフトって、なに？ …… 12
> 指でなぞると宝石が消えるのは、なぜ？ …… 14
> コンピューターに命令を伝えるには？ …… 16
> 「ウィンドウズ」とか「マック」って、なんのこと？ …… 18
> コンピューターは、中でなにをしているの？ …… 20
> ロボットもコンピューターで動くの？ …… 22
> コンピューターは、人間よりも頭がいい？ …… 24
【コラム】どれだけ速くたくさん計算できるの？ …… 26

第2章 デジタルの世界とそのしくみ

> 「デジタル」って、どういうこと？ …… 28
> デジタル情報って、どう計算するの？ …… 30
> 写真や絵は、どうやってデジタルにするの？ …… 32
> どうやって画面にいろいろな色をだすの？ …… 34
> どうやって文字をだすの？ …… 36
> コンピューターがわかるのは、どんな言葉？ …… 38
【コラム】人工知能ってすごいの？ …… 40

第3章 プログラミング、はじめの一歩

> プログラミングを体験しよう …… 42
> ゲームはどうやってつくるの？ …… 44
> 順番に書いたら長くなっちゃった！ …… 46
> 「勝ったとき」と「負けたとき」で、続きを変えるには？ …… 48
> いつまでくり返せばいいの？ …… 50
> どうすれば上手に場合分けできるの？ …… 52
> 1つのプログラムは、どうやってつくるの？ …… 54
> プログラムを上手につくるコツは？ …… 56
【コラム】世界のコンピューターはつながっている！ …… 58

コンピューターとプログラムの歴史 …… 59

さくいん …… 63

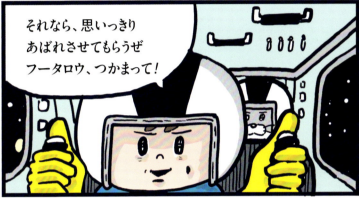

第1章 コンピューターとアプリ

コンピューターでインターネットを見たりゲームをしたりするとき、
中ではいったいどんなことが起きているのでしょう。
コンピューターがはたらくしくみを見てみましょう。

コンピューターの中では、プログラムが大活躍！

コンピューターは超高性能の計算機。人が指や声などで指示したことを受け取って、すぐに画面などにその結果を出して見せてくれます。コンピューターがうまく動くように、直接命令を出しているのがプログラムです。プログラムはソフトウェアの一部としてコンピューターに組みこまれています。コンピューターの中では、たくさんのプログラムが動いているのです。

インターネット

コンピューターをインターネットにつなげれば、世界中のコンピューターと、ゲームや情報のやりとりができます。

ソフトウェア
【中心はプログラム】

全体を指揮しながらハードウェアを動かすオペレーティングシステム（OS）と、その中で目的にあった仕事をするアプリケーションソフト（アプリ）が協力してはたらく。どちらもたくさんのプログラムの集まり。

ハードウェア
【機械の部分】

OSと連携しながら、入力された情報から、計算（演算処理）したり、結果を保存（記憶）したり、処理の順番をコントロール（制御）したりする。OSやアプリは、ここに保存されている。

出力
- 画面表示する
- プリンターで印刷する
- スピーカーから音声を出す
- ファイルにして保存する

入力
- 画面にさわる
- キーボードを打つ
- マウスを操作する
- ジョイスティックを使う
- 写真や動画をとる
- スキャナで取りこむ
- マイクにしゃべる

タブレットでゲームができるのは、なぜ？

A. コンピューターが中ではたらいているから。

タブレットやスマートフォンには、楽しいゲームが入っています。なぜゲームができるのか、それは、タブレットやスマートフォンの中で、コンピューターがはたらいているからです。

コンピューターと聞いてすぐに思いつくのは、家や学校にあるパソコンですね。パソコンとは、パーソナルコンピューターをちぢめた言葉で、個人用（パーソナル）のコンピューターという意味です。

パソコンを使うと、ゲームだけでなく、メールを送ったり、インターネットで調べものをしたり、お絵かきソフトで絵を描いたりと、1台でたくさんのことができます。

それはコンピューターが、メールやゲームなど、それぞれの目的に応じて、人間の指示どおりに動くように、準備されているからです。

タブレットやスマートフォンにもコンピューターが入っています。というよりも、これらは新しいタイプのパソコンといってよいでしょう。動かし方は少し違いますが、どちらも、1台でいろいろなことができる優秀なコンピューターです。

タブレットの正体

タブレットやスマートフォンの中には、コンピューターが入っている。

＊CPU（シー・ピー・ユー）：パソコンやタブレットの中でほかの部品とやりとりしながら、たくさんの処理や計算を高速で行う、頭脳にあたる部品。

コンピューターは1台でいろいろな仕事ができる

家のパソコンは、1台でいろいろなことができるね。タブレットも同じだよ。
どっちもコンピューターなんだ。

この部屋はコンピューターだらけ？

「地球防衛軍(ぼうえいぐん)」の司令室(しれいしつ)にならんだ
大きな画面やたくさんのボタン。
ここにもきっとたくさんの
コンピューターが組みこまれている。

コンピューターの ハードやソフトって、なに？

装置の部分がハード、それを動かす情報がソフト。

コンピューターは、ハードウェア（ハード）とソフトウェア（ソフト）でできています。ハードは「かたい」、ソフトは「やわらかい」、ウェアは「もの」という意味です。ハードは目に見える装置のことです。ソフトの中心はそれらを動かすプログラム（→14ページ）で、記憶装置にしまわれていて見えません。ソフトがないとコンピューターはただの箱。まったく動きません。

よく耳にする「アプリ」とはアプリケーションソフトのことで、ソフトの一種。ゲーム、メール、ワープロなど、決まった目的のために人がつくったプログラムの集まりです。

ソフトとハードが協力してはじめて、コンピューターはすごいはたらきをします。人間がすると何十年もかかる計算でも、1秒もしないうちに答えを出してしまいます。足したり引いたりだけではありません。ゲームをしているときも、ネットでYouTube（ユーチューブ）を見ているときも、LINE（ライン）でやりとりしているときも、いつでもソフトとハードが協力して、超高速で処理をしているのです。ゲームの中でキャラクターがジャンプしたり、アニメの動画や音声が再生されたり、メッセージやスタンプが送れたりするのも、ソフトとハードの協力の結果です。

コンピューターって、そもそもなに？

ソフトがないとコンピューターは動かない！

ソフトウェア
ハードウェアを動かすためのプログラムとデータの集まり。アプリやOS（→18ページ）などのことで、記憶装置の中にしまわれている。

［アプリ］
ゲームやワープロなど、決まった目的のためにつくられたソフトウェア。

ハードウェア
画面、マウス、本体の中身など装置や機械の部分（→21ページ）。

家にも街にもコンピューターがいっぱい！

テレビや冷蔵庫、自動車や駅の自動改札機など、決まった仕事をする機械にもコンピューターが使われています。これらのコンピューターには、カメラやマイク、温度計など、いろいろなセンサーからの情報を利用して、「安全運転を助ける」「部屋を快適に保つ」など、専用の目的を持つプログラムが組みこまれています。

❶［自動車］安全運転を助ける
❷［冷蔵庫］効率よく食品を冷やす
❸［エアコン］部屋を快適な温度に保つ
… etc.

13

指でなぞると宝石が消えるのは、なぜ？

指の動きがプログラムに指示を出すから。

ならんだ宝石を消していくゲームですね？ わたしも好きです。

ゲームなどのアプリには、「こういうことをされたら、こうしなさい」というプログラムが、あらかじめたくさん書かれています。

プログラムとはハードウェアを動かすための命令の集まりで、アプリの中心的な役目をします。

コンピューターに人が指示を出すとき、タブレットやスマートフォンでは、おもに画面を指でさわったりなぞったりして行いますが、家や学校にあるパソコンでは、マウスで場所を指示したりキーボードで文字を指定したりします。

コンピューターに指示を与えるこのような操作をまとめて、「入力」といいます。指で宝石をなぞることも、入力の1つです。

宝石を消していくゲームのアプリでは、「ならんでいる宝石が指でなぞられたら、消しなさい」という命令が、プログラムに含まれているのです。

きみがタブレットの画面に並んでいる宝石を指でなぞると、その部分はわずかな電気の変化を感じます。それが入力信号になって、プログラムが実行され、宝石が消えるというわけです。

「入力」と「出力」のくり返し

1. 情報が入る（入力）
タブレットからゲームアプリに指示が伝わる。

指がならんだ宝石をなぞったよ！

それは、あのプログラムを呼び出す合図だ！

2. 結果を出す（出力）
アプリのプログラムが実行されて結果が表示される。

あのプログラムを実行するぞ。

"キラーン！"

よし、宝石を消しました！OK！

指の位置がわかるしくみ
タブレットやスマートフォンでは、画面にふれた指のわずかな電流から、指の位置を割り出す。その位置と動きをアプリが「人からの指示」として受け取る。

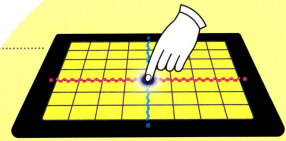

コンピューターに命令を伝えるには？

コンピューターがわかる言葉を使うよ。

アプリなどのソフトウェアは、プログラムを中心につくられています。コンピューターは、プログラムの命令どおりに動く機械ですが、機械は人間の言葉がわかりません。ですから、プログラムをつくるときには、コンピューターにわかるような特別な言葉（プログラミング言語）を使います。

プログラムには、「こんな情報がきたときには、こう処理しなさい」という命令が、すべてコンピューターの言葉で書かれているのです。

かんたんなプログラムでも、何百という命令が集まっていることがあり、ゲームのプログラムなら、何千、何万という命令が必要になることもあります。

アプリをパソコンやタブレットに入れるということは、コンピューター言語で書かれたこれらのプログラムを、コンピューターの記憶装置におぼえさせることです。そうしてはじめて、人が画面にふれたり、キーボードやマウスを使ったりして入力した情報が、きちんとプログラムに伝わって実行され、人の指示どおりにハードが動くのです。

コンピューターは、人間の言葉がわからない

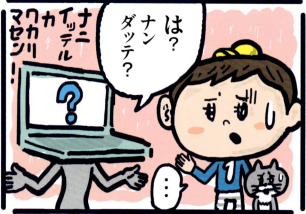

プログラムは命令の集まり

「ゲーム」アプリのプログラムにも、命令がたくさん集まっている。

コンピューターの言葉で命令を伝える

コンピューターの言葉がわかると、子どもにもゲームがつくれるよ。

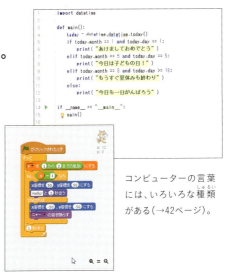

コンピューターの言葉には、いろいろな種類がある（→42ページ）。

Q.「ウィンドウズ」とか「マック」って、なんのこと？

A. OS（基本ソフト）の名前です。

ソフトには、ゲームやインターネット、メールなど決まった仕事をするためのアプリのほかに、「OS」（オーエス）とよばれるソフトがあります。「OS」は「基本ソフト」とも呼ばれ、アプリとハードとの仲立ちをするソフトです。アプリからの命令をハードに伝え、じっさいにハードを動かします。

パソコンやタブレットなどには、あらかじめ決まったOSが入っています。「ウィンドウズ」とか「マック」などというのは、おもにパソコンで使われているOSの名前です。タブレットやスマートフォンには、「アンドロイド」や「iOS」（アイオーエス）などといったOSが入っています。注意してほしいのは、アプリはそれぞれのOSのルールに合わせてつくられているということ。そのOSに合ったアプリしか入れることができません。

OSのみんな、集まって！

OSは、アプリとハードの仲介役をして、ハードに直接命令を出す。

おいらは、ウィンドウズ（Windows）。パソコンでよく使われているOSだよ。

ぼくは、マックオーエス（MacOS）。マックというパソコンに使われるOSです。

ボクは、アンドロイド（Android）。いろいろなタブレットやスマホで使われているんだ。

わたしは、アイオーエス（iOS）。アイフォーン（iPhone）やアイパッド（iPad）を動かしているよ。

コンピューターは3階建て

パソコン、タブレット、スマホ（スマートフォン）などで、いろいろなアプリがはたらくのは、OSがアプリとハードの間をとりもっているから。

アプリはOSに合わせてつくられている

アプリは、それぞれのOSのルールに合わせてつくられている。同じ名前のゲームでも、「ウィンドウズ用」「マック用」「アンドロイド用」「iOS用」などがつくられていて、OSに合ったものしか入れられない。

コンピューターは、中でなにをしているの？

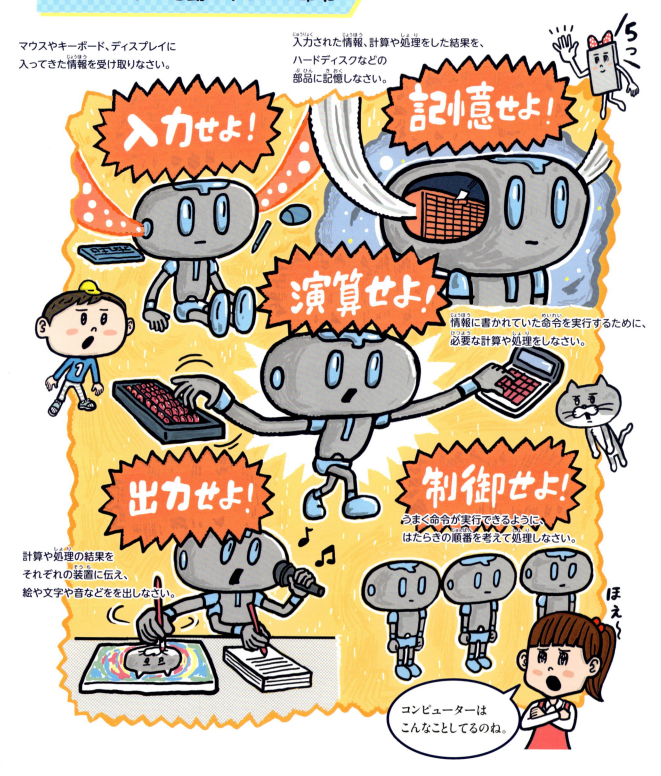

5つのことをしているだけです。

ソフトのプログラムが、コンピューターの装置に伝える基本的な命令は、次の5種類だけです。

「入力せよ」「記憶せよ」「演算せよ」「出力せよ」「制御せよ」

したがって中の装置も、その命令を実行する5種類に分けられます。

5種類の装置

入力装置
マウス、キーボード、タッチパネル、マイクなど

記憶装置
ハードディスク*、SSD*、メモリーカード*など

制御装置
CPU（中央処理装置）
マザーボード*の制御機能の部分

演算装置
CPU（中央処理装置）の演算機能の部分

出力装置
ディスプレイ、プリンター、スピーカーなど

それぞれの命令を実行するための装置なのだよ。

へー、複雑にみえてじつは5つだけなんだ。

そんなこといってイッちゃん5つもできるの〜？

マリちゃんボクは人間なんだからそんなに単純じゃないよ！

いいかい？寝るでしょ、食べるでしょ、それから、えーと

うーん、えーとゲームするでしょそれからえーと、えーと、

3つ……

ドンマイ！

---

*ハードディスク：磁石の性質を使って情報を記憶する装置。　*SSD（エス・エス・ディー）：半導体という材料に電気を流して、情報を記憶する装置。
*メモリーカード：半導体に電気を流して情報を記憶するカード型の装置。　*マザーボード：電子回路の基板。さまざまな部品をつないでいる。

Q. ロボットもコンピューターで動くの？

コンピューターが頭脳の役目をします。

 ロボットと聞いて、どんなものを想像しますか？

人の形をしたロボット。このあいだショッピングセンターで見たよ。

 そう、アニメの世界だけじゃなく、今ではじっさいに働いていますね。
でも、ロボットが人の形をしているとはかぎりません。

あ、自動車を組み立てている機械が、ロボットだって聞いたことがある。

 そうです。家の中にもあります。たとえば掃除機。

あ、勝手に掃除してくれる掃除機だよね。
それもロボットだとすると、いったいロボットって……？

わたしの、め・し・つ・か・い！

 え、えっと。簡単に言うと、
コンピューターがコントロールしている機械のことです。

そうか、あらかじめ命令が組みこまれているから、
ちょっと操作するだけで、自由にロボットが動いてくれるってことか。

うふ。やっぱり、わたしの、め・し・つ・か・い！

22

いろいろなロボット

ロボットとは、コンピューターがコントロールして仕事の手伝いをする機械のこと。

人や動物の形をしたロボット

カメラが目に、マイクが耳に、コンピューターが頭脳になって、人や動物に似せた動きをする。会話や動作である程度、人とコミュニケーションができる。

進化した機械としてのロボット

機械がコンピューターと一緒になって、より便利に進化したもの。自動掃除機、自動運転の自動車、乗り物の組み立てマシン、医療用機器など。

人体融合型のロボット

からだに身につけて人間の能力を高める。パワードスーツ(動きを強化する服)、宇宙服、コンピューター制御の義手・義足、人工臓器など。

コンピューターは、人間よりも頭がいい？

じつは、苦手なこともたくさんあります。

 コンピューターはとても優秀だね。

でも、できないことや苦手なことがたくさんあるのです。

 ふーん。

命令されたことをそのとおりに行うのは得意。
でも、ゼロから自分で考える、ということはできません。

 人の気持ちを読み取るのも、苦手だと思うな。

「お母さん、今日は機嫌が悪いな」とか、「マリちゃんは、
ほんとはそう思ってないみたい」とか、人間ならわかるときがありますね。

 ぼくは経験値が高いからよくわかるよ。

微妙なことを判断するには、もっとたくさんの情報が必要なんです。

 そう、「適当に」とか、「いい感じに」とか絶対ムリ！

コンピューターが

得意なこと

計算や判断がめちゃくちゃ速い
決まった計算や命令の実行は、あっという間にできる。大量の計算も苦にならない。

いつまでも情報が保存できる
出てきた答えや取り入れた情報は、大量にいつまでも、残しておくことができる。

正しく命令されれば、絶対に間違えない
計算した結果をそのまま実行するだけなので、命令（プログラム）が正しければ、間違えることがない。

苦手なこと

そもそも、電気がないと動きません。

命令されないと、何もできない
正しくはたらくには、ルールに従った命令とそれを実行するための情報が必要。

命令が間違っているとミスをする
プログラムが間違っていてもおかしいとは思わずにそのまま実行してしまう。

あいまいなこと、微妙なことがわからない
「500円以内のケーキ」は理解できても、「おいしいケーキ」は理解できない。

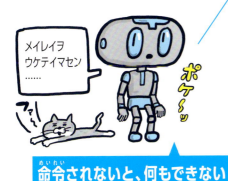

どれだけ速くたくさん計算できるの？

大量の計算を行うためにつくられた、超高速で処理できるコンピューターのことを「スーパーコンピューター」（スパコン）といいます。

たとえば、速度のランキングで上位のスパコンは、いちばん速いパソコンに比べ、単純計算で10万倍以上も速く計算ができます。

どうしてそんなに速いコンピューターが必要なのでしょう？

それは、「コンピューターシミュレーション」などで、大量のデータを計算することが必要になっているからです。

たとえば、「天気予報」「地震や津波の被害の予測」「宇宙の成り立ちや星の誕生のようす」など、現実の世界では実験できないことでも、コンピューターの大量計算によって、シミュレーション（模擬的な実験）ができるようになり、結果を予測することができるのです。

また、「ビッグデータ」の分析にもスパコンが利用されています。「ビッグデータ」とは、「大量のデータ」という意味です。とくに最近では、あちこちに散らばっている大量のデータを集めて分析することで、今まで見えなかったつながりが見えるようになる、として注目されています。

たとえば各自動車に取りつけられたカーナビからは、全国の道路で車がどう走ったかというビッグデータを集めることができます。これに道路のようすや制限速度などのデータを合わせて分析すると、どんな場合に渋滞が起きやすいか、どんな道路が危険なのかといったことがわかります。

そのほか、ほしいと思って調べた商品に関連する広告が自分が見ているネットの画面に表示されるのも、コンビニの棚にいつも売れ行きのよい商品が並んでいるのも、みんなビッグデータを分析した結果です。

> ★ コンピューターの速さの単位はフロップス
>
> コンピューターの計算の速さを表す単位は「フロップス」です。「1秒間に1回計算する」速さが1フロップス。世界一の速度を競うスパコンは、「10ペタフロップス」以上の性能です。10ペタフロップスとは、1秒間に1京回、つまり、1億回の1億倍の計算ができるということです。
>
> 【10ペタフロップス】
> 1秒間に10,000,000,000,000,000回（1京回）計算できる！（京は10の16乗、10を16回掛けた数）

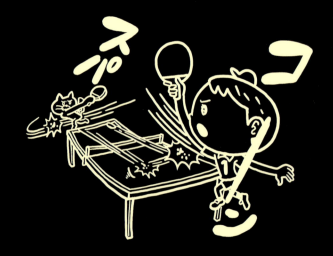

第  章
デジタルの世界と そのしくみ

コンピューターはすべての情報を数字になおして処理する超高性能な計算機。いったいどうやって計算したり絵を表示したりするのでしょうか。デジタルの世界をのぞいてみましょう。

MARI-CHAN
HP 128 / MP 256 / LV.12

「デジタル」って、どういうこと？

数字に置きかえられた情報のこと。

「デジタル」と「アナログ」という言葉の意味はわかりますか？
　デジタルとは、数字に置きかえられた情報のこと。アナログとは、数字に置きかえられていない情報のことです。
　たとえば、「ハンバーガーを死ぬほど食べたい」というとき、すごく食べたいのはわかるけれど、「死ぬほど」ってどのくらいだか、わかりません。だからこれは数字に置きかえられる前のアナログな情報。
　これに対し、「ハンバーガーを100個食べたい」といえば、数字になっているので、デジタルな情報です。
　デジタルな情報なら、「あと5個で100個！」とか、「ぼくは200個食べたい！」など、計算したり比べたりできるのです。
　さて、コンピューターはそのままではアナログの情報を扱うことができません。なぜなら、コンピューターはデジタル情報を扱うようにつくられた「計算機」だからです。

アナログ時計

針の位置だけでは、アナログ情報。
デジタル情報にするには、
「8時25分」と読みかえる頭脳が必要である。

デジタルは数字！アナログは？

アナログ情報は、一度デジタル情報に直さないと、コンピューターには、あつかえない。
デジタル情報では、アナログ情報がもつ細かいニュアンスが伝わらない場合もある。

デジタル時計

この情報は、最初からデジタルになっているので、そのままコンピューターが使える。

Q. デジタル情報って、どう計算するの？

A. すべての数を「1」と「0」になおして計算するよ。

コンピューターが扱うのは、デジタル情報、つまり「数」になった情報だけです。その数を「1」と「0」だけの、2進数に直して計算しています（2進法）。なぜなら、コンピューターが最終的にわかるのは、電気が「流れるか」（ON）、「電流れないか」（OFF）の2つの情報だけだからです。

コンピューターは、電気が流れない状態を「0」、電気が流れる状態を「1」として扱います。ですから、みんなが知っている0～9までの数字を使った、10進法の数字も、最後にはみんな2進数になおして計算しているのです。

「ビット」や「バイト」ってなに？

2進数の1桁分を「1ビット（bit）」といいます。たとえば10進数の「13」は、2進数では「1101」となり、4ビットで表せるわけです。

コンピューターは、8ビットを1単位として情報をあつかいます。8ビットあると「00000000」から「11111111」までの2進数が使えます。これは、10進数になおすと、「0」から「255」となり、256通りの情報になるわけです。この8桁の情報量を「1バイト（byte）」といいます。

ハードディスクやSSD、USBメモリなどでは、保存できるデータの量を「○GB（ギガバイト）」や「○TB（テラバイト）」などと、バイトの単位で表しています。

```
1024バイト(B)  = 1キロバイト（1KB）
1024KB        = 1メガバイト（1MB）
1024MB        = 1ギガバイト（1GB）
1024GB        = 1テラバイト（1TB）
                    （1024 = 2の10乗）
```

※2進数で計算するために、2の10乗（2を10回掛けた数）ごとに、次の単位になる。

指で数えてみよう
★片手で10進数の31（2進数では、11111）まで数えられるよ。

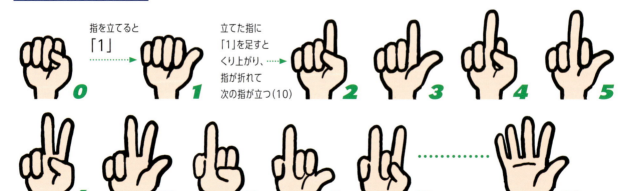

10進数を2進数になおしてみると……

10進数は、0〜9までの10個の数字を使う。9の次は、1桁くり上がって10になる。
2進数は、0と1の2個の数字だけを使う。1の次が、1桁くり上がって10になる。

10進数	2進数		
0	0		
1	1		次の数はくり上がって2桁になる
2	10		←くり上がった
3	11		次の数は全部くり上がって3桁になる
4	100		←
5	101		1の位がくり上がる
6	110		←
7	111		次の数は全部くり上がって4桁になる
8	1000		←
9	1001		1の位がくり上がる
10	1010		←
〜	〜		
31	11111		次の数は全部がくりあがって6桁になる
32	100000		←

「2」以上の数字がないので、「1」の次は桁がくり上がっちゃうのです。

『10+3』を、2進法で計算すると……。

10は2進数で「1010」、3は「11」よ。

```
  1010 …(10)…10進数
    11 …(3)
  ────
  1101 …(13)
```

くり上がって次の桁に「1」が立つ。

え〜と え〜と

写真や絵は、どうやってデジタルにするの?

小さなマスに区切って、番号で色をつけます。

写真や絵をデジタル、つまり数字の情報にするには、2つのポイントがあります。まず、写真や絵を小さなマス目で区切ること。

パソコンで見ている写真をどんどん拡大していくと、マス目が見えてきます。絵も同じことで、お絵かきアプリで描いた線を、どんどん拡大していくと、色のついたマス目の集まりになります。

この1マスは、デジタル画像のいちばん小さな単位で、画素とかピクセルとよばれています。

次のポイントは、色に世界共通の番号をつけておくこと。写真でも絵でも、1つのマス目は同じ色で塗られていて、マス目の途中で色が変わることはありません。

写真や絵の何番目にあるマス目が、何番の色で塗られているかがわかれば、その画像は数字の集まり、つまりデジタルとして扱うことができるのです。

デジタル写真は、色つきの小さなマス目(画素)が集まってできている。「2000万画素」などというデジカメの性能はこの点の数のこと。点の数が多いほど、きれいな写真になる。

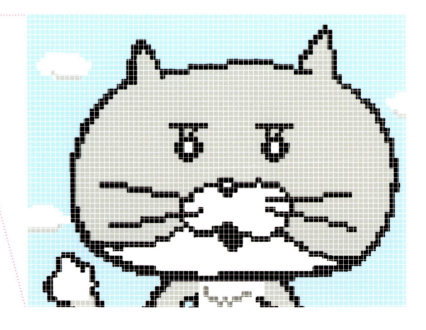

マス目の場所と色に番号をつける

例：(62, 35, 01)
右から62番目、上から35番目のマスは、01番の色

ははっ、むかしのコンピューターの絵は、こんなふうにカクカクしていたぞ！

こんなふうに番号をつけると絵がデジタル情報になります。

写真が記録できる色の数は、約1677万色！

コンピューターは写真や絵に塗られている色に番号をつけるために、1つの点につき3バイトの情報をもっている。

1バイトには、8桁の2進数、つまり256通りの情報が記憶できるので、3バイトなら256×256×256＝1677万7216通りとなる。

つまり、3バイト使えば、およそ1677万種類の色に番号がつけられるしくみだ。

これだけの色数があれば、人間の目には「すべての色」に見えるので、この色数を「フルカラー」という。

●情報の単位と記憶できる色の数

1ビット（0か1）→ **2色**

1バイト（8ビット）→ **256色**（2×2×2×2×2×2×2×2）

2バイト（16ビット）→ **6万5536色**（256×256）

3バイト → **1677万7216色**（256×256×256）

※3バイト以上の情報で表す場合もある。

★ カメラは、入ってきた光を小さなマス目で区切られたセンサーで感じて、1マスずつ色の番号をつけて記録する。

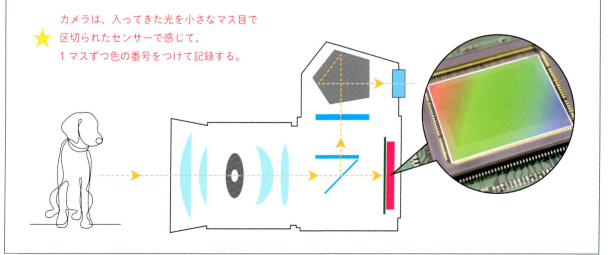

# どうやって画面にいろいろな色をだすの?

## 赤、緑、青の光をまぜて色をつくります。

　パソコンやタブレットの画面（ディスプレイ）には、小さな光の点が並んでいます。こちらはドットと呼ばれています。1つのドットからは、赤、緑、青の3色の光がでるようにつくられていています。この3色は、「光の3原色」ともいわれていて、それぞれの色の強さを変えてまぜると、どんな色の光でもつくることができるのです。

　ディスプレイは、3原色の強さをそれぞれ256段階に調節できるようになっています。

　つまり、この3色の強さを組み合わせると、256（赤）×256（緑）×256（青）＝16777216となり、1677万7216色をあらわすことができるのです。

　ここで注意してほしいのが、写真や絵の1ピクセルと、ディスプレイの1ドットは、一致しているわけではないということ。

　写真の100ピクセル分を縮小して画面の1ドットであらわすこともあります。逆に写真の1ピクセル分を拡大して画面の100ドットで表示することもあります。マス目が見えてしまうのは、こんなときです。

光の3原色とは

3色の光を全部重ねると白い光になります。

たとえば緑(G)の光と青(B)の光をまぜると水色になります。

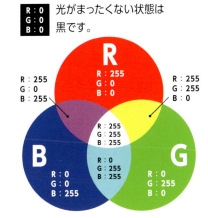

光がまったくない状態は黒です。

赤（R＝レッド）、緑（G＝グリーン）、青（B＝ブルー）の光のこと。この3色の光を混ぜると、白い光になることから光の3原色といわれる。RGBそれぞれの光を、0（弱）〜255（強）までの256段階の強さに調整して混ぜることで、1677万色の色が表現できる。

この深緑色は、「赤:0　緑:80　青:45」の光の重なりです。

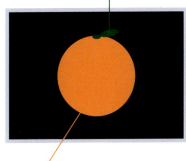

絵の具は、まぜるとどんどん暗い色になるけど、光は重ねるほど明るくなるのさ。

このオレンジ色は、「赤:230　緑:120　青:40」の光の重なりです。

ディスプレイはドットの集まり

たとえば会社や家庭などで使われている15.6インチの大きさのパソコンの画面には、200万以上のドットが並んでいる。タブレットの画面ではもっとドットが小さくなり、10.7インチの画面で約400万個のドットが並んでいる。

うわ、拡大すると3色の点がずらりと並んでる！

15.6インチのパソコンの画面
1920（横）×1080（縦）＝ 207万3600個

どうやって文字をだすの？

文字にも番号がついています。

色に番号がついていたのと同じように、文字にも番号がつけられています。パソコンやスマホなどで文字を表示するときも、すべて文字コードという番号でよび出しています。

全角文字と半角文字

全角文字	12345　ABCDE　アイウエオ　あいうえお　安以宇衣於
半角文字	12345　ABCDE　アイウエオ

　ひらがな、カタカナ、漢字、数字など、コンピューターで使われる文字には、1マス分の幅があるいわゆる全角文字（2バイト文字）と、半角文字（1バイト文字）とがあります。ふつうに日本語を入力すると全角文字で表示されます。

　英語では、アルファベットの大文字と小文字、それに、数字や記号などを加えても文字の数は少ないので、1バイト（8ビット＝256通り）あれば全部の文字に番号をつけることができます。

　これに対し、日本語には漢字があるため、よく使う文字だけでも1万字以上あります。文字コードもそれだけ必要なので、2バイト（16ビット）で番号をつけています。

文字が入力されると……

コンピューターのCPUは、「A」という文字が理解できないので、「41」という数字のデータに変換されて、送られる。

❶キーボードの「A」が押される
❷CPUに「41」というデータが送られる（入力）
❸CPUが「41」というデータを理解する（演算）
❹ディスプレイに「41」というデータを送る（制御）
❺ディスプレイが「A」に変換し（演算）、表示する（出力）

文字コード表

A	半角	41	41
a	半角	61	61
Ａ	全角	8260	EFBCA1
ａ	全角	8281	EFBD81
あ	全角	82A0	E38182
ア	全角	8341	E382A2
ｱ	半角	B1	EFBDB1
亜	全角	889F	E4BA9C
？	全角	8148	EFBC9F
！	全角	8149	EFBC81
1	半角	31	31
１	全角	8250	EFBC91

何種類もの文字コードが開発されて、同じコンピューターで日本語だけでなく、外国の文字も使えるようになった。文字コードの英数字は、16進法の数。コンピューターの中で、さらに2進数に変換される。

とつぜん読めない文字が！

こ、これは何かの暗号かもしれない

ただの文字化けよ

入力の時の文字コードとは違う種類の文字コードで出力してしまうと、おかしな文字が表示されてしまう。これを文字化けという。

37

コンピューターがわかるのは、どんな言葉？

A. プログラム専用の言葉があります。

コンピューターがじっさいに理解できるのは、「0」と「1」の「2進数」で書かれた「機械語」という言葉だけ。でも、人間が「0」と「1」だけを使ってコンピューターに命令文を書くのはまず無理。書かれたものを見てもすぐにはわかりません。

そのためプログラムは、機械語と人間の言葉の中をとりもつ専用の言葉で書きます。つまりプログラミング言語には、コンピューターに近い言葉（機械語）と、人間に近い言葉の2種類があるのです。

プログラミング言語は大きく2種類

1. 機械語など コンピューターに 近い言葉
低水準言語 ▶
```
010011001
0101001100
1001100
```

2. 人がプログラムを 書くときに つかう言葉
高水準言語 ▶
```
for (cnt=0; cnt<5; cnt++)
{
    print ("Hello ¥n") ;
}
```

やっぱり人間は、水準が高いんだね……

たぶんそういう意味じゃないと思う

いろいろなプログラミング言語がある

　高水準言語は、目的に合わせて何種類も開発されています。英語がもとになっていますが、プログラミング言語の「文法」が違うので、それぞれの約束にしたがって書かなくてはなりません。

　こうして書いたプログラムを機械語に翻訳して、コンピューターに組み込むのです。

　むずかしそうですが、今では次の章で紹介するように、画面にブロックを並べるようにしてプログラミングを学べる「スクラッチ」などのソフトがあります。これなら、子どもでもプログラムを書くことができます。

日本語、英語、中国語などがあるように、プログラミング言語にもいろいろある。どんなプログラムをどんなOSで動かすか、ぴったり合うプログラミング言語を選ぶ必要がある。

インターネット上で多く使われる
・Java（ジャバ）
・JavaScript（ジャバ・スクリプト）
・PHP（ピー・エイチ・ピー）
・Ruby（ルビー）

歴史があって高機能
・C言語（シーげんご）
・C++（シー・プラスプラス）
・C#（シー・シャープ）

人工知能に対応
・Python（パイソン）

iPhoneなどで使われる
・Swift（スウィフト）

ブロックや絵を使い子どもでもできる
・スクラッチ（Scratch）
・プログラミン
・ビスケット（Viscuit）

人工知能ってすごいの？

コンピューターの処理速度が飛躍的に高まった結果、今、「人工知能」（AI／エーアイ）が注目されています。

コンピューターはもともと人間に命令されたことだけを実行していましたが、人工知能は、人間と同じような方法でコンピューター自身に、考えさせようというものです。

初期の人工知能は、ルールやパターンなどを人間がコンピューターにひとつひとつ教えこんでいました。しかし、新しい人工知能は、大量のデータを高速で計算して、コンピューター自身が自分でルールやパターンを見つけだすのです。このような学習方法を、「ディープラーニング」（深層学習）といいます。

この方法によって、人工知能はとても賢くなりました。

たとえば、将棋ソフト。初期の将棋ソフトは、なかなかトップクラスのプロ棋士に勝てませんでした。しかし、最新の人工知能を搭載し、過去の対局のデータを大量に与え、さらに将棋ソフトどうしで対戦させることによって、将棋ソフトはどんどん強くなりました。今では、トップのプロ棋士を負かすほどです。

クルマの運転も、人工知能にまかせようという研究が進んでいます。無人のタクシーが登場するのも遠い未来の話ではないしょう。

人工知能は、将棋や運転だけでなく、さまざまな分野で実用化されつつあります。そのため、タクシー運転手をはじめ、人が今やっている仕事の多くが、近い将来、人工知能に取って代わられるといわれています。

人は、人工知能にはできない創造的な仕事に専念することになるでしょう。

【Google Home（グーグル・ホーム）】 人工知能が人の声を聞き取れるようになり、「AIスピーカー」が登場。文字を入力しなくても、音声で命令するだけで、好きな音楽を再生したり照明の明るさを変えたりと、人を助けてくれる。

第3章 プログラミング、はじめの一歩

プログラムとは、目標にたどりつくための順序ややり方のことです。
たとえばゲームのプログラムをつくるとき、
何からはじめたらいいのでしょうか。
ここでは、はじめの一歩として、
プログラミングのきまりやコツについて紹介します。

FU-TARO
HP 32 / MP 128 / LV.5

プログラミングを体験しよう

むずかしい決まりやことばをおぼえなくても、気軽にプログラミングを体験できる、子ども向けの言語があります。ここではまず、よく使われるプログラミング言語を紹介します。

※このページで紹介しているアプリは、パソコンをインターネットにつなげ、ウィンドウズやマックのブラウザ（インターネットを見るソフト）で動かします。スクラッチについては、つなげずに使えるパソコン用のアプリがあります。また、スクラッチとビスケットは、アイパッドやアンドロイドのタブレットで使える専用アプリも利用できます（スクラッチは「Scratch Jr」というアプリになります）。紹介したホームページや、アップストア（App Store）、グーグルプレイストアで検索してください。

▶ スクラッチ（Scratch）

❗ ここからチャレンジ　https://scratch.mit.edu/

ブロックを
クールに
つなげるのさ！

＞ どんな言語？

スクラッチは、マサチューセッツ工科大学のメディアラボで公開されている、子ども向けのプログラミング言語です（日本語のページもあります）。

「○○を動かせ」「××を表示せよ」といった命令が、「ブロック」としてあらかじめ用意されているので、その中から必要なものを選び、組み合わせるだけで、プログラムをつくることができます。

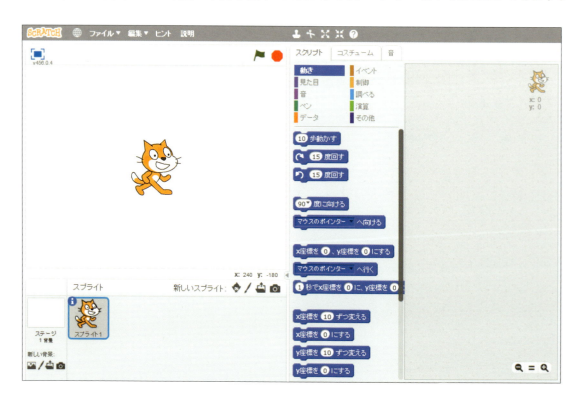

> どう使うの?

「スクリプトパレット」にある命令のブロックを「スクリプトエリア」にマウスで動かします(ドラッグ)。ブロックの上下にある小さな凹凸をピッタリ合わせるようにつなぐだけ。これで、実行の命令を出すと、ルールどおりの順番でプログラムが実行されます。

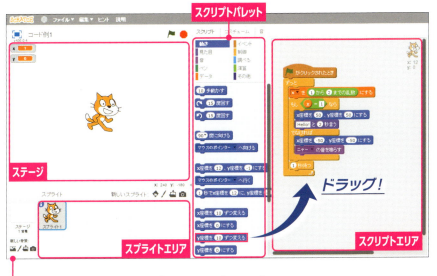

たとえば、青色のブロック「動き」には、スプライト(キャラクター)を動かす命令、緑色のブロック「演算」(上の図)には、計算をするための命令がまとめられている。

「スプライト」と呼ばれるキャラクターを、プログラムによって動かすことができる。

 プログラミン

 ビスケット(Viscuit)

(!) ここからチャレンジ
http://www.mext.go.jp/programin/

(!) ここからチャレンジ
http://www.viscuit.com/

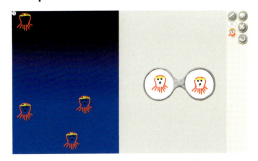

文部科学省が子ども向けにつくった言語で、ゲームなどを簡単につくることができます。使い方はスクラッチによく似ています。パソコンに組みこまなくても、最新版をブラウザ(インターネットを見るソフト)で使えます。

パソコンで絵を描いて、その絵を簡単に動かすことができるプログラミング言語です。どのように動かすかを、メガネの中の場所で指定するというのが特徴です。

※ URLはブラウザの検索窓に入力、QRコードはタブレットなどのQRコードアプリのカメラで読み取ってください。
　アドレスは変更される場合があります。ホームページが表示されないときは、プログラム言語の名前で検索してください。

Q. ゲームはどうやってつくるの？

A. まず、お話を順番に書いてみましょう。

「ゲーム」といっても種類はいろいろ。ここでは、ストーリー性のあるものを考えてみましょう。たとえば、「主人公がある世界を冒険して、課題をクリアしていく」といった物語です。

まずは、舞台とそこではじまるお話を考えます。ここでは、「宇宙」という舞台で、「連れ去られた王女を助けに行く」というストーリーにします。

次に、主人公が解決すべき課題を考えます。

最初のステージの課題は、「宇宙空間で、敵の宇宙船とたたかって勝つ」です。敵が順番におそってくるので、それをかわしながらミサイルを発射してうち落とします。「10機やっつけたら、このステージはクリア」といったルールも決めましょう。

かんたんなゲームにするなら、ここで終わりでもOK。もっと楽しむなら、別の舞台や課題、ルールを決め、ステージ2、ステージ3とつなげていきます。

そして、こうして決めたことを順番に「命令の形」に変えていきます。命令を順番につなげていくのが、プログラミングの最初の一歩なのです。

自由に物語を書いてみよう

まず入れたい場面を考えて、あとから順番を決めてもいい。移動やたたかいではルールもしっかり決めておこう。

順番にストーリーを書き出してみよう

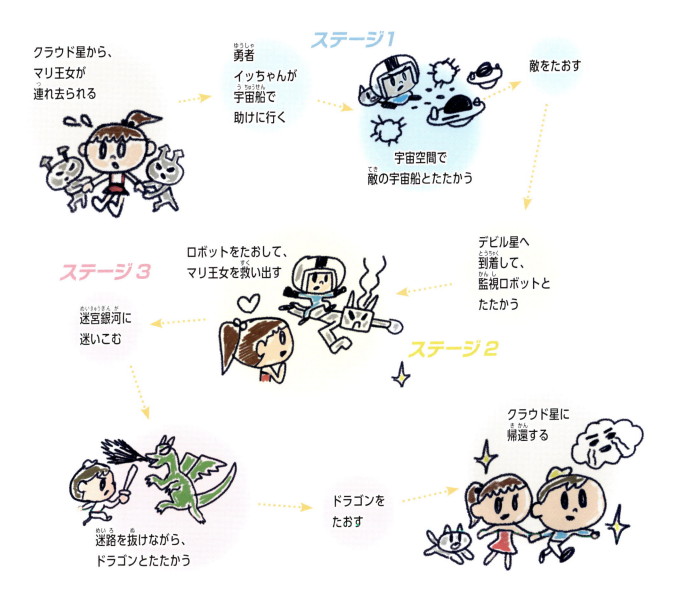

命令に置きかえるってどうするの？

　遊んだことがあるゲームを思い出そう。スタートボタンがあらわれて押したら始まったので、同じやり方でゲームをスタートさせたい、そう思ったら、「スタートボタンを表示せよ！」という命令のことばに直せばいい。

前に遊んだゲームの動き

・宇宙空間と宇宙船が画面に表示された。
・敵機1があらわれて、攻げきしてきた。
・やられたときに、「失敗」と表示された。

ゲームの動きを命令に置きかえると

・宇宙空間と宇宙船を画面に表示せよ！
・敵機1を表示して、攻げきさせろ！
・やられたときは、「失敗」と表示せよ！

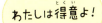
あたしは得意よ！

順番に書いたら長くなっちゃった！

上手なプログラムの基本は「くり返し」

"全部を順番に書くと"

ステージ1 スタート！

宇宙空間と宇宙船を表示せよ
↓
敵機1、攻撃せよ
↓
（プレイヤーが負ける）
↓
「失敗！」と表示せよ
↓
宇宙空間と宇宙船を表示せよ
↓
敵機1、攻撃せよ
↓
（プレイヤーが負ける）
↓
「失敗！」と表示せよ
↓
宇宙空間と宇宙船を表示せよ
↓
敵機1、攻撃せよ → （プレイヤーが負ける） → 「失敗！」と表示せよ → おわり

"くり返しを利用すると"

ステージ1 スタート！

宇宙空間と宇宙船を表示せよ
↓
敵機1、攻撃せよ
↓
（プレイヤーが負ける）
↓
「失敗！」と表示せよ

※3回くり返す

↓
3回繰り返したら、終わり

同じことは「くり返し」を使えば、楽ちん！

46

A。「くり返し」を使って短くします。

44ページで考えたストーリーをもとに、ゲームアプリのつくり方をたどってみましょう。

まずは、ストーリーやルールを、順を追って、コンピューターへの命令文に置きかえていきます。

このような「コンピューターへの命令を順番に書いたもの」を、「フロー図」や「フローチャート」などといいます。

正式な書き方にはルールがありますが、最初は自分流でOKです。

ところでゲームによっては、「1回やったら終わるもの」もあるし、「クリアしながらくり返すもの」や「失敗してもやり直せるもの」などがあります。同じことを何度も書いていると、プログラムはとても長くなってしまいます。そこで、同じことをしているところがある場合は、「ここは、3回くり返せ」というような命令を出して、短くします。

同じことを何度もくり返すプログラムの流れを、「くり返し」とか「ループ」などとよんでいます。

くり返しを上手に使うと、フロー図も短くなるし、プログラム自体も短くすっきりとします。

プログラムはこんな感じ

46ページで書いたフロー図は、スクラッチなどのブロック形のプログラミング言語をつかうと、こんな感じになる。

フロー図の決まり

フロー図の書き方は自分流でかまわないが、基本をおぼえおくとこれから役に立つ。

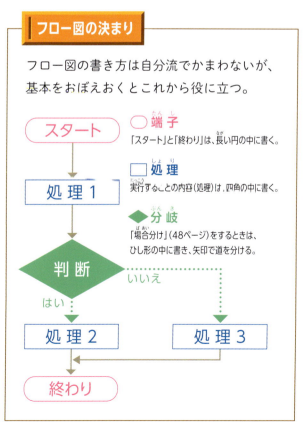

「勝ったとき」と「負けたとき」で、続きを変えるには？

条件を出して、「場合分け」をします。

ゲームで遊んでいると、「勝ったときには次に進めるけれど、そうでないとき（負けたとき）はやり直し」ということがよくあります。このように、「何かの条件（ここでは「勝ったとき」）に当てはまるかどうかで、そのあとの行動が変わる」というのは、ふだんの生活にもよくあります。「朝、目がさめたときに、7時前だったらもう一度寝るけど、7時過ぎだったら起きる」とか、「おやつのときに、手を洗っていたら食べるけれど、洗っていなかったら洗いに行く」というのもそうです。

プログラミングでは、まず条件を出して、それに当てはまる場合は「はい」、当てはまらない場合は「いいえ」として、それぞれの先に進むようにします。このように、条件を出して「場合分け」し、行き先（その後に行う処理）を変えることを「分岐」といいます。

条件を出して「場合分け」するのが「分岐」

「場合分け」すると、プログラムがすっきりする。

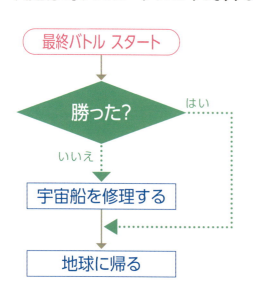

プログラムはこんな感じ

ここで書いたフロー図を、スクラッチなどのブロックを使ったプログラミング言語で組むと、こんな感じになる。

↓スタート
もし〈あなた＝勝っていない〉なら
　宇宙船を修理する
地球に帰る

※ 実際のプログラミングアプリの中に、同じブロックが用意されているとはかぎらない。

48

三角形の種類を場面分けで調べる

三角形の性質を「分岐」をつなげたフロー図に当てはめて、順に場合分けしていくと、どんな三角形でも種類を調べることができる。四角形の場合もつくってみよう。

「分岐」は、ひし形に書くのが決まりです。

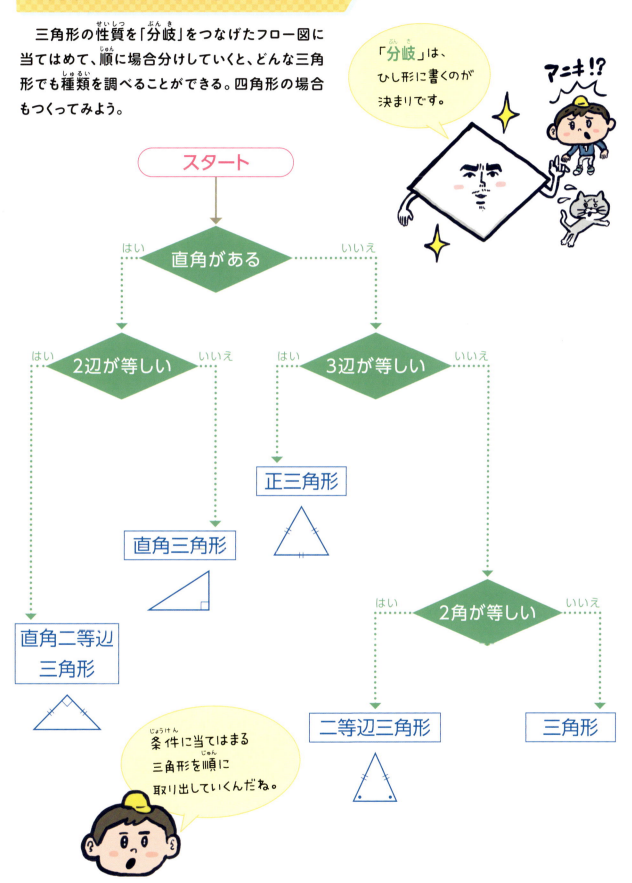

条件に当てはまる三角形を順に取り出していくんだね。

いつまでくり返せばいいの？

「くり返し」と「分岐」を組み合わせましょう。

ゲームでは、「宝石を5個ゲットするまでくり返す」「相手の宇宙船を10機たおすまでくり返す」というように、ある条件を出して、その条件に当てはまれば、くり返しを抜けて、次のステージに行けるというシナリオがよく出てきます。

「くり返し」を使うときに大事なのは、「何回くり返すのか」「いつまでくり返すのか」をはっきりさせておくことです。

そのためには、まず「3回までくり返す」など、回数を決めておく方法があります。また、48ページで紹介したように「ある条件を出し、それを満たしたらくり返しから抜ける」といった、場合分けによる「分岐」を使う方法もあります。

この方法を使うと、わくわくするストーリーをつくることができます。

100点とれるまでテストをくり返す

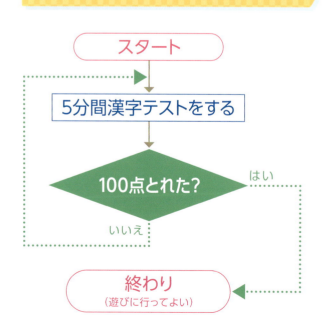

50

くり返しの回数を数えるしくみをつくる

「変数」というしくみを使って、くり返しの回数を数えるプログラムのフロー図。
くり返すたびに数がふえ、「分岐」で場合分けされるのがポイント。

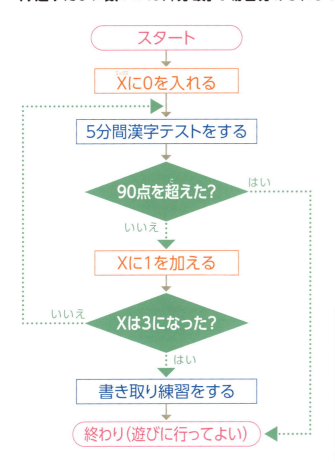

3回やっても90点を超えないなら、書き取り練習をして、終わりにしなさい、というプログラムです。

プログラムはこんな感じ

上で書いた「3回までに90点を超えられなかったときは、書き取り練習してから、終了」というフロー図を、スクラッチなどのブロック形のプログラミング言語で組むと、こんなふうになる。

変数ってなに？

「変数」とは、いろいろな数字になれる「数字の入れ物」です。変数には、好きな数字を入れることができます。また、変数で計算することもできます。Xやaなどのアルファベットであらわします。

- Xに3を入れると、Xは3になる。

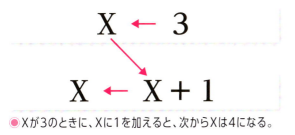

- Xが3のときに、Xに1を加えると、次からXは4になる。

Q. どうすれば上手に場合分けできるの？

A. 「ベン図」を使って考えましょう。

48ページでは、条件に当てはまるかどうかで、処理を変える「分岐」（場合分け）を説明しました。

たとえば、「手を洗った」かどうか、といった単純な場合分けならよいですが、「手を洗った」人でしかも「歯を磨いた」人、というように、2つ以上の条件を入れて場合分けしたいことがよくあります。このような場合は、「ベン図」を使って考えます。

場合分けが上手にできると、プログラミングが簡単になります。これは、プログラミングだけでなく、いろいろな場面で使える便利なアイデアなので、おぼえておきましょう。

場合分けはベン図で考える

場合分けを円の重なりであらわした図を「ベン図」という。外側の長方形の中が「すべての場合」。条件は円であらわし、その条件に当てはまる場合は、円の中をぬる。複数の条件を組み合わせるときは、このようなベン図をつくり、どの範囲を取り出したいのかを考えてみるとわかりやすい。

● 映画を見た

「A」＝「映画を見た」

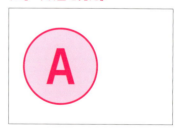

「not A」＝「映画を見ていない」

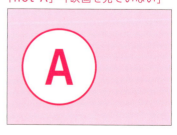

● 本を読んだ

「B」＝「本を読んだ」

「not B」＝「本を読んでいない」

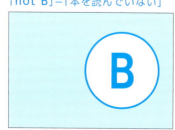

● AまたはB　（A or B）

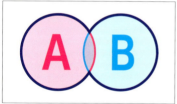

映画を見た または 本を読んだ
条件Aか条件Bのどちらかを満たす。

● AかつB　（A and B）

映画を見た かつ 本を読んだ
条件Aと条件Bの両方を満たす。

どちらかの条件を満たす……「A または B」

A、Bの2つの条件があり、どちらかひとつでも当てはまる人や場合を取り出すには、「AまたはB」(A or B)の集合をつくります。

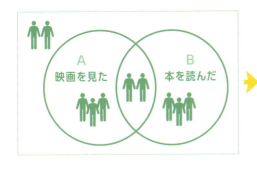

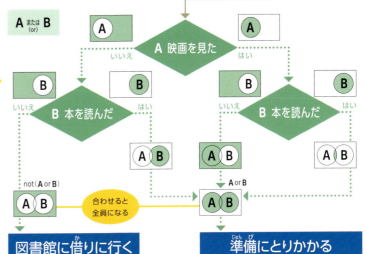

少なくともひとつは済ませている人たちの集まりだね。
まず「ベン図」で考えたほうがわかりやすいね。

『アナと雪の女王』を学芸会で上演するとき、「映画を見た」か、「本で読んだ」かして、ストーリーを知っている人は、準備にとりかかる。知らない人は図書館で物語を調べる。

両方の条件を満たす……「A かつ B」

A、Bの2つの条件があり、同時に両方の条件にあてはまる人や場合を取り出すには、「AかつB」(A and B)の集合をつくります。

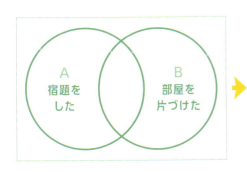

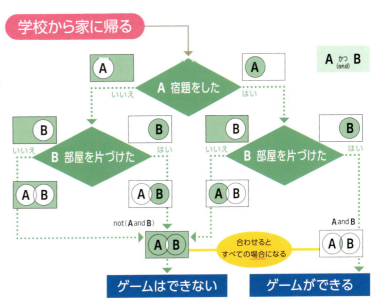

学校から帰ってきて、ゲームをするとき、「宿題をした」なおかつ「部屋を片づけた」場合に限り、ゲームができるという、場合分け。

1つのプログラムは、どうやってつくるの？

「順番に進む」「くり返す」「分岐する」を組み合わせます。

　プログラムをつくるときには、「何をするためのプログラムなのか」、その目的をはっきりさせることが大切です。

　ここまで、「順番に話を進める」、「同じ処理はくり返す」、「条件を出して場合分けする（分岐）」といった方法を紹介しました。それぞれプログラムづくりの基本になるやり方です。必要に応じてこれらを組み合わせ、フロー図に書いてみましょう。そうすれば、複雑なプログラムにも挑戦できます。さらに、スクラッチなどのプログラミングソフトが使えるようになれば、フロー図からプログラムをつくるのはむずかしいことではありません。

　右のページでは、「数字の小さい順にカードを並べ替える」という目的のプログラムをつくるために、そのやり方を考え、フロー図を書いています。

「やり方」を見つけて、一度プログラムをつくってしまえば、たとえカードが何枚になろうと関係なく使えます。そこがプログラムのすごいところです。

「場合分け」は3つ以上にもできる

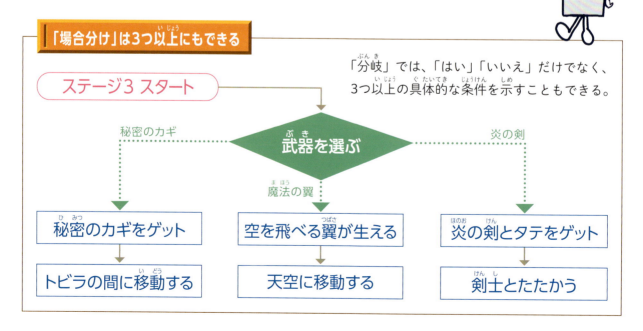

「分岐」では、「はい」「いいえ」だけでなく、3つ以上の具体的な条件を示すこともできる。

小さい順にカードを並べ替えるには？

ちがう数字が書かれた3枚のカードを、小さい順に並べ替えます。
どうすれば少ない手順でできるのか、考えてみましょう。

■このカードを並べ替える

`10` `5` `2`

「左端にあるカードとその右隣にあるカードを比べ、右隣のカードが小さければ入れ替える、終わったら右に移動」これをくり返すのがポイント。

1回目

`[10]` `5` `2` — 最初に左端のカードとその右隣のカードと比べる

`5` `10` `2` — 右が小さければ入れ替える（大きければそのまま）

`5` `[10]` `2` — 1つ右のカードに移動して、その右隣と比べる

`5` `2` `[10]` — 右が小さければ入れ替える（大きければそのまま）
1回目の最後にいちばん大きな数字がここに来る

2回目

`[5]` `2` `10` — 右端まで移動したら、左端に戻って、右隣のカードと比べる

`2` `5` `10` — 右が小さければ入れ替える（大きければそのまま）
2番目に大きな数字がここに来る

カードは3枚なので、2回目が終わればカードは小さい順に並ぶ。カードが6枚なら、5回くり返せばいい。

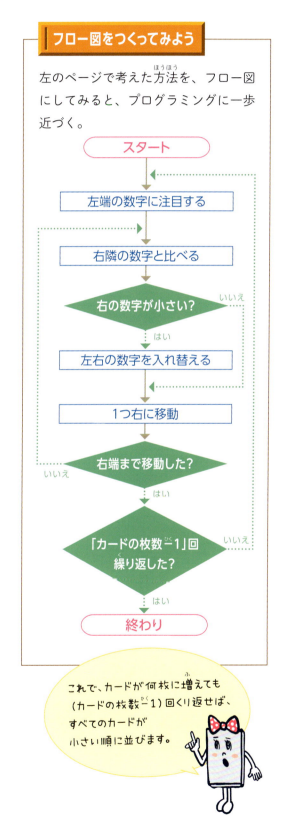

フロー図をつくってみよう

左のページで考えた方法を、フロー図にしてみると、プログラミングに一歩近づく。

スタート
↓
左端の数字に注目する
↓
右隣の数字と比べる
↓
右の数字が小さい？
↓はい
左右の数字を入れ替える
↓
1つ右に移動
↓
右端まで移動した？
↓はい
「カードの枚数ー1」回くり返した？
↓はい
終わり

これで、カードが何枚に増えても（カードの枚数ー1）回くり返せば、すべてのカードが小さい順に並びます。

Q. プログラムを上手につくるコツは?

A. いつも、もっと短くできないかを考えます。

　プログラムを上手につくるコツは、1つのやり方を見つけたとき、「もっと少ない手順でできないだろうか」と、いつも考えてみることです。手順が少ないプログラムのほうが、よけいなミスもなくなり、処理も速く終わります。

　8枚の金貨から1枚だけ軽いニセモノを探す問題で、下ではまず4枚ずつ2つに分けて、3回はかってニセモノを見つけています。ところがこの問題には、たった2回はかるだけで、必ずニセモノが見つかる「やり方」があるのです。じっくり考えて近道を見つける。これが、上手なプログラムをつくるコツです。

ニセモノの金貨を探してみよう

8枚の金貨があります。1枚だけ少し軽いニセモノが混じっています。天びんを使ってニセモノの1枚を探したいのですが、どうすればいいでしょうか?

フフ‥。じつは2回はかるだけでわかるんだ。

た、、たったの2回でぇ!?

■2つのグループに分けてみると……

ぜんぶで3回はかれば必ずニセモノを見つけることができる。

1回目

8枚の金貨を、4枚ずつの2つのグループに分けて、天びんにのせると、どちらかが上がる。

2回目
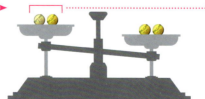
上がったほうの4枚を2枚ずつに分けて天びんにのせる。

3回目

上がったほうの2枚を1枚ずつに分けて天びんにのせる。上がった金貨がニセモノ。

フロー図をつくってみよう

この問題には2回でニセモノがわかる「やり方」がある。
その「やり方」をフロー図にしてみると……。

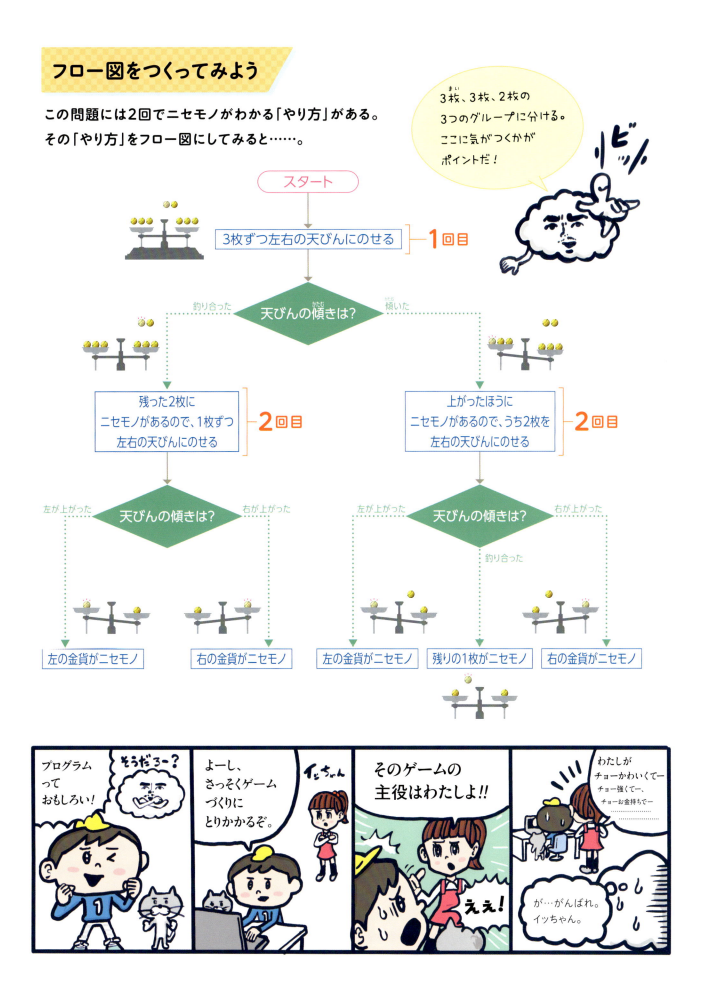

世界のコンピューターは つながっている！

世界中のコンピューターが、インターネットでつながっている。スマホやタブレットだけでなく、いまでは、テレビ、エアコン、冷蔵庫など、インターネットにつながる家庭用電気器具も増えている。

みなさんが生まれたときには、もうインターネットがあったでしょう。しかし、だれでもインターネットが使えるようになったのは、それほどむかしのことではありません。

インターネットの登場により、世界中のコンピューターをつなぐことができるようになりました。それ以前のパソコンは、職場や家庭でそれぞれ独立して動いていたのです。

パソコンどうしがつながることによって、メール送信やネット検索はもちろん、YouTube（ユーチューブ）を見たり、ネットショッピングを利用することができるようになりました。大好きな対戦型ゲームができるのも、ゲーム機やパソコンがネットでつながっているからこそなのです。

時代はクラウドへ

むかしのパソコンは独立していたので、パソコンでつくった書類やゲームの成績といったデータは、それぞれのパソコンの中に保存しました。よそでそれを使うときには、メモリーカードなどに保存して持ち出す必要があったのです。

ところが、パソコンがいつでもネットにつながるようになったので、大切なデータをインターネット上の見えないコンピューターに保存できるようになりました。こうしておけば、いつでもどこからでも、最新のデータを見に行くことができます。

このようにインターネット上にデータを保存して利用することを、「クラウドコンピューティング」といいます。また自分のパソコンにアプリを入れなくても、ネット上のコンピューターにあるアプリをみんなで使うしくみもできてきました。いまでは、インターネット全体で、大きなコンピューターのような動きをしているのです。

「クラウド」とは「雲」のこと。インターネットの雲の中にあるコンピューターにデータを保存しておけば、パソコンやスマホがあれば、どこからでもデータを取り出して使える。

さぁ、タイムマシンに乗って歴史の旅に行くよ！

コンピューターとプログラムの歴史

コンピューターの歴史は、2千年以上前の古代ギリシアで発明された、天体の運行を計算する機械にまでさかのぼることができる。ここでは、現在使われているデジタルコンピューターが発展する歴史を見てみることにしよう。

H = ハードウェア（コンピューター） S = ソフトウェア（プログラムや言語）

1890年
H アメリカの国勢調査で、たくさんのデータを処理するために、パンチカードシステムが使用された。

1936年
S イギリスの数学者アラン・チューリングが、テープに書かれた情報を読み書きするコンピューターの原理を提案（チューリングマシン）。今のデジタルコンピューターの登場を準備した。

1945年ごろ
H ノイマン型コンピューターの登場。

1947～1948年
H 電気の流れをコントロールする部品である、トランジスタが発明される。それまでの真空管より、軽くて小さくエネルギーを使わないので、電子回路を飛躍的に発展させた。

1951年
H 世界初の磁気テープ式記憶装置が登場。磁石の性質を使って情報を記憶する、いわばカセットテープの元祖。リールに巻いて使った。

1956年
H プログラム内蔵式トランジスタ計算機が試作される。

パンチカードシステム
（タビュレーティングマシン）

パンチカードとは、厚紙に開けた穴の位置によって情報を記録するもの。電子計算機が登場するよりも前に、パンチカードによって大量の情報を処理（入力や集計など）するタビュレーティングマシンが登場した。この機械はコンピューターが広まったのでなくなったが、パンチカードは、コンピューターへ入力する補助装置として1970年代くらいまで使われていた。

このシステムを開発した今のIBM（アイ・ビー・エム）社が採用したパンチカード。80項目×12行、合計960の穴の位置によって情報を記録した。

プログラムを記憶させたノイマン型コンピューター

1942年に真空管を使った電子計算機が初めてつくられた。しかし、計算内容ごとに配線（ハード）をつくり直す必要があり、実用的ではなかった。そこで、計算のためのソフト（プログラム）を記憶装置に保存して、ハードを変えずにいろいろな計算ができるようにしたコンピューターが登場した。アメリカの数学者フォン・ノイマンが提案したので、ノイマン型コンピューターとよばれる。これは、「制御装置」「演算装置」「記憶装置」「入力装置」「出力装置」という5つの装置で構成され、現在のコンピューターの原型となっている。

(CC BY 2.0) Computer Laboratory, University of Cambridge

実用的なノイマン型コンピューターの第1号は、1949年にイギリスのケンブリッジ大学でつくられたEDSACという機械だといわれている。

- **1950年代後半から1960年代**
  - Ⓢ 使いやすいプログラミング言語が開発される。

- **1958〜1960年**
  - Ⓗ トランジスタ、ダイオード、抵抗など、電流をコントロールする素子を1枚の基板にまとめたIC（集積回路）の開発に成功。

使いやすいプログラミング言語

ノイマン型コンピューターの登場によって、人間にわかりやすくて扱いやすいコンピューター言語が必要になり、1950年代後半には「FORTRAN」（フォートラン）が、1960年代には「COBOL」（コボル）や「BASIC」（ベーシック）という言語が開発された。FORTRANは科学技術計算に、COBOLは事務処理に向いているなど、それぞれ特徴があった。

> その後、プログラミング言語は進化をつづけ、たくさんの言語が生まれているんだって。

- **1960年代前半**
  - Ⓗ 研究や会社の業務などで大量の事務処理計算を行うための「オフィスコンピューター」（オフコン）が登場。1961年、NEC（エヌイーシー、日本電気）がオフコンとして電子会計機を発売。

- **1964年**
  - Ⓗ 世界初のスーパーコンピューター「CDC（シー・ディー・シー）6600」が登場。以前のコンピューターの3倍の処理速度があった（→26ページ）。

- **1970年代**
  - Ⓗ マイクロコンピューター（マイコン）が登場。パーソナルコンピューター（パソコン）へと進化する。

マイコンからパソコンへ

CPUに集積回路（マイクロプロセッサ）を使い、本体が1つのケースに収納された小さいサイズのマイクロコンピューター（マイコン）が登場。個人用のパソコンとして普及した。今では、「パーソナルコンピューター」（パソコン）、英語圏では「PC」（ピーシー）とよばれている。パソコンが登場したのは1970年代だが、日本のオフィスに普及しはじめたのは80〜90年代になってから。

- **1970年**
  - Ⓗ IBM（アイ・ビー・エム）社がフロッピーディスクを開発。磁気を記録できる物質をぬったプラスチック円盤を回転させてデータを記録する。

直径8インチ（約20cm）のフロッピーディスク

個人が楽しみで使うホビーのパソコン（マイコン）として人気を博した「コモドール64」（1982年発売）
by Bill Bertram (CC BY 2.5) via Wikimedia Commons

- **1972年**
  - Ⓢ C言語の開発。OS（オーエス）からアプリまで幅広く使えるため、プログラミングの発展に重要な役割を果たした。

- **1977年**
  - Ⓗ アップル社がアップルⅡを発売。

アップルⅡ

アップルⅡは、組み立てる必要がない完成品として初めて大量生産された、個人向けのパソコン。テレビに接続すればカラー表示も可能。表計算ソフトやゲームソフトなどのアプリケーションソフトがたくさん用意されていた。アップルの創業者であるスティーブ・ジョブズとスティーブ・ウォズニアックが開発した。

1977年から1993年まで、計500万台も製造された。写真では、フロッピードライブ2台とディスプレイがつながれている。
by All About Apple Museum
(CC BY 2.5) via Wikimedia Commons

- **1981年〜**
  - Ⓢ インターネット接続技術の確立。最初はアメリカの国防総省が研究を始め、大学や研究機関がこれに参加した。

○ 1981年〜
HS OSにMS-DOS（エム・エス・ドス）を使った
IBM PC（アイ・ビー・エム・ピー・シー）が大ヒット。

○ 1983年
H 任天堂が家庭用ゲーム機の「ファミリーコンピューター」
（ファミコン）を発売。カートリッジでアプリの
交換ができ、すぐにゲームが楽しめた。

○ 1980年代
S 日本語入力／表示システムが登場。

○ 1984年〜
HS マッキントッシュとウィンドウズの登場で、
パソコンが家庭に普及。

○ 1986年
S 無害または役に立つソフトのように見せかけて、
コンピューターに害を及ぼす、
「トロイの木馬」型コンピューターウイルスが登場。

○ 1980年代後半
S インターネットに先駆け、会員向けのネットワークである
パソコン通信が広がる。

○ 1991年
S スイスの研究所で世界初のウェブサイトが登場。
ウェブサイトとは日本でいうホームページのことで、
インターネットに公開された一連のページをいう。

○ 1995年
S ウェブ用のプログラミング言語、Java（ジャバ）が発表される。
ウェブとはインターネットのページを見たり公開したりするしくみ。

○ 1995年〜
HS 写真がフィルムからデジタルに。
撮影した写真を液晶画面ですぐ見られ、パソコンでも使える、
カシオのデジタルカメラ「QV-10」（キュー・ブイ・テン）
が大ヒット。

IBM PCとMS-DOS

IBM PCは、1981年に発売されたパソコン。大型コンピューターメーカーとして有名だったアメリカのIBM社が売り出した初めてのパーソナルコンピューターだったため、非常に注目され、ビジネス用途として世界中で大ヒットした。このパソコンには、マイクロソフトが開発したMS-DOS（エム・エス・ドス）というOSが使用された。

IBM PCは、これ以降のパソコンの原型になり、MS-DOSは、ウィンドウズが登場するまでパソコンのOSの主流となった。

by Ruben de Rijcke
(CC BY-SA 3.0) via Wikimedia Commons

日本語入力／表示

アメリカ生まれのコンピューターは、最初は日本語を扱うことができず、簡単な入力で漢字変換ができる方法が求められていた。1983年発売の、NECのパソコンにワープロソフトが入っていたが、そのなかの日本語変換ソフトが独立・進化して、ほかのアプリからも使える日本語入力ソフトになった。今も人気の「ATOK」（エートック）は、1989年にはじめて単体で発売された。

ワタシ ニホンゴ ペラペラ デース。

マッキントッシュとウィンドウズ

初期のコンピューターは文字しか表示できなかったが、アップルは、マッキントッシュというパソコンで、この常識をくつがえした（1984年）。画面にはアイコンやメニューが並び、マウスで操作できるので、初心者にも使いやすい。いっぽう、オフィスで普及していたMS-DOSのパソコンを、同じように使いやすくする目的でつくられたOSがウィンドウズだ。マッキントッシュ（マック）とウィンドウズの登場により、パソコンは家庭にも広く普及した。

上）ウィンドウズ95
（1995年発売）が入ったCD
Shutterstock.com

左）マッキントッシュ128K
（1984年発売）

61

○ 1990年代後半～
Ⓢ インターネットの利用が広がる。
2001年以降のブロードバンド
（高速回線）の普及でさらに拡大。

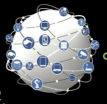

○ 2005年～
Ⓢ SNS（ソーシャル・ネットワーキング・サービス）が広がる。
2005年、動画投稿サイトYouTube（ユー・チューブ）、
2006年、つぶやきを投稿するTwitter（ツイッター）、
2011年、LINE（ライン）が登場。

○ 2006年
Ⓢ 子ども向け教育用プログラミング言語、スクラッチ（Scratch）
開発（→42ページ）。

○ 2007年～
Ⓗ スマートフォン、続いて、タブレットが広がる。

○ 2010年ごろ
Ⓢ 「ビッグデータ」という用語が登場（→26ページ）。

○ 2010年ごろ
Ⓗ 「IoT」（アイ・オー・ティー）対応製品が登場。
IoTとは家電などがインターネットにつながり、
情報を交換する「モノのインターネット化」とよばれるしくみ。

○ 2012年
Ⓗ 人工知能（AI／エー・アイ）の「ディープラーニング」が
注目される（→40ページ）。ロボット開発も進む。

○ 2015年
Ⓗ 情報処理の学会が、「コンピューターの将棋ソフトは
トッププロに追いついた」と宣言。

○ 2016年
Ⓢ グーグル社が開発したAI囲碁ソフト「AlphaGo」（アルファ・ゴ）
が、人間の世界チャンピオンをやぶる（→40ページ）。

○ 2017年
Ⓗ AIによる自動運転車の開発が進む。
すでに、一部の地域で一般の道を走る実験が行われている。

インターネットの普及

インターネットは最初、大学内や研究所内で結ばれていたコンピューターのネットワークを、外部のものとも結びつける目的で開発された。ネットで情報をやりとりするための約束ごとを決めたのが1980年代。一般の人がインターネットを利用できるようになったのは、1990年前後のこと。1990年代後半からは、ヤフー（Yahoo！）やグーグル（Google）の検索サービスが登場したことで、インターネットはより便利なものとなり、社会や生活は大きく変わることになった（→58ページ）。

インターネットの登場は、「言葉の発明」「文字の発明」「印刷技術の発明」に次ぐ、「第4の情報革命」といわれている。

スマートフォンの広がり

「インターネットにつながる高機能な携帯電話」や「電話ができる電子手帳（超小型パソコン）」などが登場したのは、2000年前後のこと。2007年にアップルから、タッチパネルと簡単な操作性が特徴のアイフォーン（iPhone）が発売され、このようなタイプのものがスマートフォン（スマホ）と呼ばれるようになる。アンドロイドというOSが搭載されたスマートフォンは、2008年に発売された（→18ページ）。並行して、アイパッド（iPad）などのタブレット端末も幅広く利用されるようになった。

2008年に発売された初代のiPhoneは、一般の人にも人気となる。

人工知能ロボットの登場

工場で製品の組み立てなどを行う産業用ロボットなどは、1970年代から使われるようになった。二足歩行の人型ロボットは、1980年代くらいから大学やメーカーで研究開発がはじまり、1996年に発表されたホンダの「ASIMO」（アシモ）は、完成度が高くて注目された。最近では、人工知能を搭載したパーソナルロボットが登場し、一般の人でも購入できる。

2014年に発表されたソフトバンクの「Pepper」（ペッパー）は、人の感情を認識して、自分の感情もつくることができる。

さくいん

◎この本ででてくるおもな言葉とそのページです。

あ行

アナログ	28
アプリケーションソフト(アプリ)	9、13、14、18
アンドロイド	18
インターネット	9、58、61
ウィンドウズ	18、62
演算(えんざん)	20、37
お絵かきアプリ	32
オペレーティングシステム(OS)	9、18、61

か行

画素(がそ)	32
かつ(and)	53
記憶(きおく)	20
機械語(低水準言語)(きかいご、ていすいじゅんげんご)	38
クラウド(クラウドコンピューティング)	58
くり返し(ループ)	47、50、54
ゲーム	10、14、44
高水準言語(こうすいじゅんげんご)	38
コンピューター	9、10、12
コンピューターウイルス	61

さ行

出力(しゅつりょく)	9、15、20、37
条件(じょうけん)	53
人工知能(AI)(じんこうちのう)	40、62
深層学習(ディープラーニング)(しんそうがくしゅう)	40
スーパーコンピューター(スパコン)	26、60
スクラッチ	39、42、62
スマートフォン(スマホ)	10、62
制御(せいぎょ)	20、37
全角文字	36
ソフトウェア	9、12

た行

タブレット	10、62
ツイッター(Twitter)	62
ディープラーニング(深層学習)(しんそうがくしゅう)	40
デジタル	28、30、32
デジタルカメラ(デジカメ)	32、61
ドット	35

な行

入力	9、15、20、37

は行

場合分け	48、50、52、54
ハードウェア	9、12
バイト	30、33、36
パソコン(パーソナルコンピューター)	10、60
半角文字	36
光の3原色	34
ピクセル	32、34
ビスケット(Viscuit)	43
ビッグデータ	26、62
ビット	30、33、36
フルカラー	33
フロー図(フローチャート)	47
プログラミン	39、43
プログラミング言語	16、38、42、60
プログラム	9、14、16
分岐(ぶんき)	48、50、52、54
変数	51
ベン図	52

ま行

または(or)	53
マック(マッキントッシュ)	18、61
命令(めいれい)	14、17、20、24、44
文字コード	36
文字化け	37

や、ら、わ

ループ(くり返し)	47、50、54
ロボット	22、62
ワープロ	61

0~9、A~Z

0と1	30
2進数(2進法)	30、38
10進数	30
AI(人工知能)(じんこうちのう)	40、62
and(かつ)	53
CPU(シーピーユー)	10、21、37
iOS(アイオーエス)	18
IoT(アイオーティー)	62
LINE(ライン)	12
or(または)	52
OS(オーエス、オペレーティングシステム、基本ソフト)(きほん)	9、18、61
RGB(アールジービー)	35
YouTube(ユーチューブ)	62

監修 ◎ 曽木 誠(そぎ まこと)

東京都出身。東京公立小学校教員として三鷹市・練馬区・中野区に勤務し、現在杉並区立の小学校で主幹教諭を務める。東京都小学校視聴覚教育界研究推進副委員長として、視聴覚教育総合全国大会でも数多くの実践発表を行う。子どもとIT環境との関わりについて研究をすすめ、ITリテラシーを高めていけるようさまざまな取り組みを行っている。

文 ◎ 川崎 純子(かわさき じゅんこ)

広島県出身。神戸大学文学部卒業。プログラマ、劇団スタッフ、情報誌編集者などを経てフリーランスとなる。カメラやパソコンなどのデジタル関連の入門書を中心に、実用書、旅行誌などの編集や執筆を手がける。著書に『図解パソコン』(ナツメ社)、『速効！パソコン講座 デジカメ』(共著／毎日コミュニケーションズ) など。

イラスト ◎ 沼田 光太郎(ぬまた こうたろう)

名古屋市出身。桑沢デザイン研究所卒。2006年、4年間のデザイン会社勤務を経てフリーランス。雑誌、広告、ポスター、web、映像媒体で多くのイラストレーション、漫画、アニメーションを制作。「空中卵かけライス」(自主制作)にて、こどもアニメーションフェスティバル審査員特別賞。「シャキーン！」(NHK教育テレビ)「イーブン・イーブン」イラストレーション。「朝だよ！貝社員」(NTV ZIP!) キャラクターデザインなど多数。

● 構成・編集　市村 均(きんずオフィス)
● 装丁・デザイン　星 光信(Xing Design)

調べる学習百科　プログラミングについて調べよう

2017年 12月31日　第1刷発行

監　修　　曽木 誠
文　　　　川崎 純子
イラスト　沼田 光太郎
発行者　　岩崎 夏海　　編集 松岡由紀
発行所　　株式会社 岩崎書店
　　　　　〒112-0005　東京都文京区水道1-9-2
　　　　　電話　03-3812-9131(営業)
　　　　　　　　03-3813-5526(編集)
　　　　　振替　00170-5-96822
印刷・製本　大日本印刷株式会社

Published by IWASAKI Publishing Co.,Ltd.　Printed in Japan.
ISBN978-4-265-08447-0　NDC548　64頁　29×22cm

岩崎書店ホームページ　http://www.iwasakishoten.co.jp
【ご意見、ご感想をお寄せください】
e-mail　hiroba@iwasakishoten.co.jp
落丁本、乱丁本は小社負担にてお取り替えいたします。

本書のコピー、スキャン、デジタル化等の無断複製は著作権法上での例外を除き禁じられています。
本書を代行業者等の第三者に依頼してスキャンやデジタル化することは、たとえ個人や家庭内での利用であっても一切認められておりません。